生生不息
森林

匈牙利图艺公司（Graph-Art）◎编绘

王聿喆　康一人◎译　王玉山◎审译

北京日报出版社

目 录

阅读指南

如何阅读这套书?

　　本丛书共计4册,分别介绍了森林、海洋、河流与湖泊及草原与荒漠这些不同生态系统的主要特点、生境和代表性动物。每册大致分为两个部分:第一部分用通俗的语言和精美的插图对不同生态系统的主要特点做了全面系统的介绍;第二部分则用令人震撼的精美插图和文字,对这些生态系统中具有代表性的生物群系分别进行详细介绍,读者可以借此全面了解这些自然环境的生态特点和代表性动植物知识。在书中,我们每个人都可以成为大自然的见证者。简短、有趣、真实的数据和文字配以众多高清大图,让读者可以身临其境,使阅读变得更加生动有趣。在互联网的帮助下,读者还可以亲身体验魔幻般真实的生物世界。

生动、细节
逼真的图片

章名

物种名称

**单位名称
和符号**

℃:摄氏度
m:米
cm:厘米
mm:毫米
km:千米
g:克
kg:千克
%:百分比

地图,对地理位置进行标注

页码

相关地点介绍

食物链

旅行时应当注意什么? 这里有对自然环境的有趣介绍

濒危种/珍稀物种

思考题

重要信息

气候数据

场景再现,通过高清大图和有趣的文字对代表性物种进行有趣的介绍

保定市物探中心学校
WUTANZHONGXINXUEXIAO

班主任优秀论文集

保定市物探中心学校

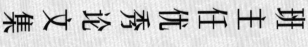

班主任
优
THE C

保定市物探
Bao Ding BGP C

欢迎来到动物世界!
——通过移动设备让书中的动物活起来

如何使用移动设备?

本丛书的《森林》和《河流与湖泊》两册均配有3D动画,读者通过移动设备即可进入神奇的动物世界。要观看动画,读者只需使用装载iOS(苹果)或安卓系统的智能手机或平板电脑并连通网络即可。

1. 用你的移动设备下载并安装免费的应用程序 **Cycle of Life 1**。注:苹果系统请到App Store下载,安卓系统请到Google Play下载,也从https://pan.baidu.com/s/1nvKDJPR(密码:js83)下载至电脑后安装。

2. 选择书中带有 标志的页面,启动应用程序,将屏幕中的望远镜对准需要观赏的页面。

如果想要切换到其他场景,请点击屏幕左下角按钮以返回操作!

3. 此时屏幕上会出现书中画面。点一下屏幕即可启动画面,此时转动设备可从不同角度观赏。

4. 屏幕中出现许多"魔术盒",点击后隐藏的动物便会现身。赶快试试吧!

地球生物圈

相互依存

我们所生活的星球将近3/4的面积都被海洋覆盖，并被一层薄薄的大气包围着，而这个球体的大部分是由岩石组成的。这一层层的岩石就构成了我们的星球——地球。按照与太阳距离远近来排序，地球是太阳系中的第三颗行星。地球犹如一个可爱的摇篮，孕育着无数的生命。地球上由动物、植物、菌类、微生物组成的生物圈，在几百万年中不断地适应环境变化，终于变成了今天这个模样。我们的地球拥有良好的生存环境，足够的营养元素，既不会特别热，也不会特别冷。在这样的环境下，无数的生命得以茁壮成长。而多种多样的生物每天都在相互依存，共同生长：生物有出生，也有死亡；会汲取营养，也终会成为其他生物的成长的来源。生物就是这样不断地维持着它们栖息地的精确平衡。

生物圈：从岩石深处到绚烂的高空

生物圈的范围很广，包括地球上所有生物体及其生活的环境。在好几千米深的岩石深处，我们发现有微小细菌的存在；在深海海沟之中，奇形怪状的鱼类自由地游动；在喜马拉雅山脉海拔5000米的陡峭山坡上，有牦牛在吃草；而在非洲大陆11000米高的天空，甚至还有黑白兀鹫在自由翱翔。生物圈的范围从下到上大概有20000米，但跟我们庞大的地球比起来简直就是微乎其微。如果我们把地球比作一个洋葱头的话，那么生物只在洋葱头表面大约一张纸厚度的范围内活动。

生物圈是一个庞大的系统，由地球上的所有生物组成。

生物圈：从整体到每一个细节

在生物圈中，最大的单位被称为生物群系，它是以相似的气候和地理条件进行划分的，例如荒漠和落叶林等。

群落是更小一些的单位，由相互之间有直接或间接关系的，在一起生存的动物、植物和菌类构成，例如欧洲山毛榉林。

种群是指同种生物的所有个体。举例来讲，森林中生活的大斑啄木鸟种群，就是由这片森林中所有的大斑啄木鸟个体组成的。

生物圈的最小单位是生物个体。

科学家们把地球坚硬的外层称为岩石圈，把天空称为大气层，而把地壳表层、表面和大气层中存在着的各种形态的水称为水圈。

事实

» 宏生态系统是一个非常巨大的范围，可以分为海洋生态系统、陆地生态系统等。比如非洲大陆就是一个生态系统。» 还有再小一些的中生态系统，一块大陆上可以有多个类似的生态系统，例如撒哈拉沙漠便可称为一个中生态系统。» 当然还有更小的微生态系统，比如撒哈拉沙漠里的绿洲、一节腐烂的树干或者一个水坑。

生态系统：生命与环境的统称

动物、植物、菌类，它们所生存的环境，以及它们与环境之间相互影响的关系，这一切所构成的统一整体就叫作生态系统。举个简单的例子，腐烂的树枝，它周围有昆虫、细菌，加上它周围的环境、土壤、空气一起，就可称为一个小小的生态系统了。当然，整个亚马孙丛林也是一个大的生态系统。

热带雨林、荒漠、阔叶林

地球上有众多不同的自然环境，其中生物群系最丰富的就是热带雨林了，它们沿着赤道环绕着地球。它的形成得益于全年充沛均匀的降雨。而在热带雨林的边缘，也就是南回归线和北回归线周围则充斥着干燥的空气。在这样的环境影响下，造就了干旱的荒漠。离赤道再远一些，气候就变得凉爽了。这里的降水量比热带雨林要少许多，也就形成了大片的阔叶林。

在地球的赤道附件聚集着最多的生物群系，而它们也随着大陆向北延伸。这是因为与北半球相比，南半球处于温带的陆地要少很多，而地球的最南端更是难以找到适合生物生存的环境。

苔原、北方针叶林、草原

北极附近气温非常低，夏天也十分短暂，因此树木无法在这里生长，取而代之的便是苔原。在这里，苔藓和地衣主宰着世界，还有一些能够忍受严寒的灌木。再往南一些气候就不那么寒冷了，这里生长着大片的松树林还有众多的泥炭沼泽，这便是北方针叶林了。在地球上，有些地方冬天较短，降水量又比较小，树木无法生长，这便是草原地带了。在温带开阔的草原上，野马和野牛尽情地奔跑；而在热带的草原上还会看到长颈鹿和犀牛悠闲地啃食。

水生栖息地：地球上最大的生物群系

我们所生活的星球有3/4的面积被海水覆盖，这为生物提供了巨大的生存空间和多变的栖息地。在海洋中，巨大的鲸鱼可以咆哮着游动数千千米，而北极水域更是亿万只磷虾的家园。靠近岸边，海藻组成了密密麻麻的海底森林。海水蒸发后会变成淡水降落到陆地，形成河流、湖泊和沼泽。在这里，一到春天就会听到青蛙呱呱叫，还会看到水獭在水中追逐鱼儿。

地球生物圈

人类与生物圈
—— 人类是如何变成地球主人的?

现代人类起源于非洲东部,人类祖先曾与那里的野生动物们和谐共处。6万年前,人类的祖先从那里开始迁徙,到达欧亚、澳洲、北美及南美等大洲。在人类面前,这些地方的植物和动物是那样的弱小和无助。例如在1.5万年前,北美洲还是狮子、猎豹和骆驼的天地,人类出现后即将它们赶尽杀绝。1万多年前,农业开始出现在亚洲的中东地区,由此也带来了人口的大幅增长。到今天为止,人类在这个星球上的数量已经超过70亿。

最大的危险

石油污染

我们人类将地球改变得面目全非,而大自然却因此遭难。人类排干了大面积的水生栖息地,砍伐森林来增加耕地面积。工业生产又加重了污染,使得全世界都出现了酸雨。酸雨已经造成北方针叶林的毁坏,并使得海洋中的营养元素减少。工业生产还造成了气候变化的加剧,在短时间内改变了地球上植物与动物的分布版图,因为温度是生物群系形成的重要因素。

自然灾害

地球上生物的样貌和种类并不是一成不变的,它们在不断地变化,造成这个变化的最主要因素是气候。通常气候变化的速度很缓慢,这使得生物有足够的时间适应。但当自然灾害来临时,它所造成的气候变化会很剧烈,导致大量生物死亡,由此带来地球生物的巨变。例如在2.5亿年前一次巨大的火山爆发,它所造成的气候变化使得地球上90%的生物灭绝,而这些生物是经过100万年才逐渐进化而来的。现在能够造成生物大灭绝的速度远远大于以前,其原因还有一个,那就是人类的活动。

空气污染

水循环: 河水、湖水和海水会变为水蒸气蒸发到空气中,并在高空聚集,形成云。这些云中的湿气会以降水的形式重新回到陆地上。

自然循环

在自然界中,物质和能量在太阳能驱动的循环中不停地流动。阳光使得海水温度升高,而海水受热蒸发到天空,再通过降水落到陆地。在降水光临过的陆地上植物开始生长,它们每片绿色的叶子都是一个小小的加工厂。在阳光提供的能量驱动下,绿叶吸收空气中的碳元素,最终生产出有机物并释放氧气。动物在阳光、碳元素及植物释放出的氧气的帮助下,将吃掉的植物在体内细胞中转化为能量。而氮元素也是来自空气,它们在细菌的帮助下参与生命的循环。

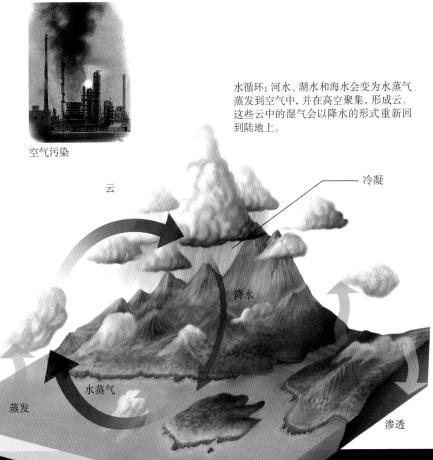

云

冷凝

降水

水蒸气

蒸发

渗透

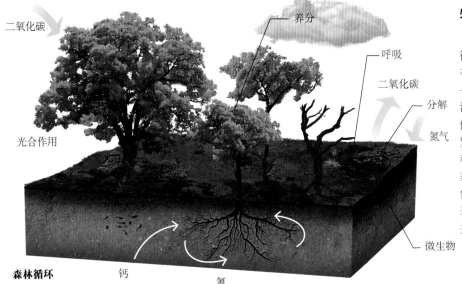

二氧化碳

养分

光合作用

呼吸

二氧化碳

分解

氮气

微生物

森林循环　　钙　　　氮

物种的更替

由于交通的发展，不只是人类开始踏上了征服世界的路途，难以胜数的植物和动物也在有意或无意间开始了新的旅途。当动植物来到一个新的生存环境时，这里原有的生物群体还没有准备好如何对抗这些外来种。而新来的入侵种因为没有天敌和环境的限制，开始无限地繁殖，并最终取代土著种在此生存。这样的入侵种有很多，比如来到欧洲的美国水貂。人们为了获取美国水貂的毛皮将它带到欧洲，并让它们在这里繁殖。美国水貂来到欧洲后，占据了土著种，例如欧洲水貂和比利牛斯鼬鼹的栖息地，并最终将它们取代。

斑木眼蝶的生命历程

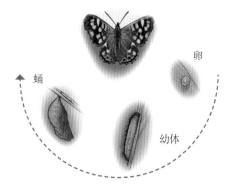

卵

蛹

幼体

个体水平的循环

生命的终极目标是繁殖，或是将自己的遗传物质尽可能多地传给下一代。以斑木眼蝶为例，它们在秋天交配后，由雌性蝴蝶将卵产在叶片上，随后成年的蝴蝶便结束了生命。毛虫会从卵中孵化出来，它们要经过多次的蜕皮，并通过冬眠的方式度过寒冷的冬天。春天的时候，它们再次开始进食，并在夏天变成蛹。秋天，当它们从蛹中钻出来的时候已经变为一只成年蝴蝶了。它们也像它们的父母一样，开始交配和产卵。这样就形成了一个完整的循环。为了生命的延续，雌蝴蝶会产下好几十个潜在子代。

河狸坝

食物链：每种生物成长都需要"吃"

植物将太阳与动物连接在了一起，它们能利用阳光生产有机物，因此被称为生产者。食草动物被称为初级消费者，而它们的捕食者，也就是以它们为食的生物被称为次级消费者。顶级捕食者最主要的特征是没有任何其他生物是以它们为食的，它们处于食物链的顶端。如果一个食物链中任何一种生物死亡，它们的有机体会腐烂变为有机物，随后再次回到食物链的循环中。

生态系统工程师

有这样一些动物，它们的日常活动为其他生物的生活提供了生存场所，它们便被称为生态系统工程师。类似这样的工程师有很多，比如河狸。河狸在河流中建造大坝，而在大坝围成的小湖中生存着无数的生物。再比如啄木鸟，在它们啄出的树洞中也有着数不清的生命。

关键物种

关键物种是生态系统中不可缺少的建设者，例如，海獭吃海胆，海胆吃褐藻，而褐藻是许多微小生物生存的场所。如果没有海獭吃海胆，那么海胆会把海里的褐藻吃个精光，而其他的生物也就没有办法生存了。

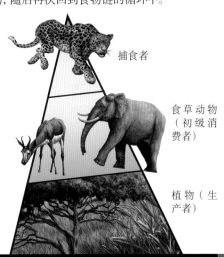

捕食者

食草动物（初级消费者）

植物（生产者）

木棉树

黑猩猩

非洲冠雕

可乐果

山魈

西番莲

加蓬咝蝰

小斑獛

缨尾蜥

蓝小羚羊

东黑白疣猴

香蕉树

非洲灰鹦鹉

猞㺄犽

西部低地大猩猩

雨林

栗背翡翠

杰克森三角变色龙

花潜金龟

雨　林

热带雨林是地球上生物和生物栖息地最为多样的地方。这里有华丽的蝴蝶, 身披彩色羽毛的小鸟, 在树间荡秋千的猴子等几千万种生物。热带雨林大多分布在赤道周围, 这是因为赤道附近太阳辐射变化小, 盛行上升气流, 形成了赤道低气压带, 使得这个地区雨水充足, 而这正是热带雨林形成的重要原因。这里没有季节变化, 温度变化非常小, 植物全年都是绿色, 果实从不间断。而充足、均匀的降水及稳定的气温也造就了我们地球最复杂, 同时有着最丰富生态系统的热带雨林。

蜂鸟

由于适宜的气候, 热带雨林大都分布在赤道附近1000千米的地带上, 包括南美洲、非洲和东南亚。

热带雨林的分层

1. 70~80米高的巨树占据着热带雨林的最高处, 这是雨林的露头树。它们互相之间的位置并不紧密, 这样使得它们的每一片叶子都能够享受阳光。这些枝叶组成了热带雨林的最高层树冠, 鹰隼、猴子、蝙蝠和蝴蝶等动物都生活在这里。

2. 在露头树的下边还有两个树冠层, 树冠层有着最多的生物种类。上边一层树冠生活着蛇、犀鸟和树蛙。下边一层树冠, 也就是大约距离地面4米左右的地方, 这里的阳光已经很少了, 植物们并不需要再费力抢阳光。因此, 这里的植物叶子都比较大, 以便于更有效地捕捉阳光。这里生活着美洲豹或其他豹子。

3. 处于热带雨林最底层的是灌木层和森林底层, 它们能够得到的阳光已经少得可怜了。在这里, 只有适应阳光匮乏的植物才能生存。叶子坠落在土壤上很快就会腐烂分解: 在温带, 一片叶子从掉落到完全腐烂分解需要一年; 而在热带雨林, 一片叶子只要差不多6周就会被完全分解消失。

白喉三趾树懒

"富有"的树冠和贫瘠的土壤

　　热带雨林的营养元素在一个巨大的圈子中循环，而绿色的叶子也在不断地生长和凋落。在高温和潮湿的环境中掉落的叶子几乎在空中时就开始被分解，一落到地面，立刻被动物取食或被真菌和细菌分解。尽管有如此数量庞大的生物，土地里的营养元素却少得可怜。突然降临的雨水会将养分冲进土壤，而植物也迅速将可用的营养吸收，因此在这里没有一点儿枯枝落叶。

事 实　» 我们的地球大约有6%的面积被雨林覆盖。» 除南极洲外，在每个大洲都可以找到雨林的身影。» 雨林为我们生产了制作巧克力、各种调料、橡胶、竹子、糖和药品的原料。» 每秒都会有一个相当于足球场面积大小的雨林消失。

所有的雨林都一样吗?

切叶蚁

　　与其他栖息地一样，雨林因所处的气候和地形不同而有所区别，而生物也随着自然环境的变化而变化。从赤道开始向远处走，越远的地方降水越少，且呈不均匀分布，气温的变化也非常大。亚热带雨林与热带雨林相比，栖息在那里的物种要少很多，但它与温带的森林相比，依旧有着更丰富的动植物种类。亚热带雨林的树木虽然不如热带雨林的高，树冠也不那么密，但处于低层的灌木却更绿、更有生机。因为在短暂而干旱的季节里，大量的树叶会落下，且这里有容易使有机体腐烂的特性，所以这里的土壤营养更丰富。

"绿色的地狱"

　　提到密不透光和密密麻麻的森林，我们首先想到的便是亚马孙热带雨林。尽管它有着极高的自然价值，但依旧难逃人类摧残的厄运。为了获取木材和开垦牧场的需要，有1/5的亚马孙热带雨林已经被人类摧毁了。

每种生物都有不同的生存方式

　　对于植物，阳光是它们能量的来源。它们依靠光合作用吸收空气中的有用元素来获得生长，因而争抢阳光是它们获得生存的重要保证。由于不能移动，它们都以自己独有的方式生存着。这里的树木都长得特别高，这些树木依靠宽大的树干支撑，稳稳地立足于浅浅的土壤层中。这里的藤本植物则主要依靠缠绕这些高大树木的树干向着阳光生长，凤梨科和兰科等附生植物则附着在树干上。在这里，动物的生存与植物息息相关。以果实为食的猿猴类和大多数鸟类都生活在树冠附近。猿猴依靠长长的手臂攀着树枝在林间穿梭，寻找着食物；蜂鸟在花丛中飞舞，享受着花蜜的盛宴。当然，动物不仅需要食物来获得生存，还需要时刻提防着它们的天敌来保住性命。例如，水蚺和树蛙可算是伪装大师，它们皮肤的颜色与地面、树叶几乎一致，难以辨别；白喉三趾树懒更有着"双重防御"的自我保护能力，除了蓝灰色的皮肤能给它们提供保护色的功能，它们还能长时间地悬挂在树枝上一动不动，即使经过它们身边的美洲豹也难以察觉到。

太阳能促成了空气与水汽在雨林中的循环

上午，在太阳的照射下，随着地面温度的升高，地表的潮湿空气开始升上天空。

下午，潮湿的空气在上升到一定的高度后开始下沉变成乌云，随着乌云的增多，降雨形成。

西番莲

落叶林

欧洲山毛榉

灰林鸮

银扇草

林柳莺

蓝蛞蝓

木蹄层孔菌

林蛙

蓝丽天牛

山蜗牛

车叶草

杨蛱蝶

狍

白背啄木鸟

暗脉菜粉蝶

普通蚯蚓

普通鼩鼱

单齿蜗牛

早开堇菜

酢浆草

落叶林

灰林鸮

阔叶林带气温适宜，降水适中并且四季分明。这里冬天寒冷，水会结成冰块。为了抵御寒冷干燥的冬季，这里植物的叶子会干枯掉落，因而被称作落叶林。内陆落叶林生长所需要的水资源大部分来自陆地纵横交错的江河湖水。由于气候和土壤的不同，北半球的树木主要为橡木和欧洲山毛榉，河流旁还生长着柳树、杨树和榆树等。南半球的树木主要是假山毛榉和桉树。亚洲温带的落叶林中生活着非常稀有和危险的动物，如东北虎（西伯利亚虎）、阿穆尔豹和大熊猫。

欧洲山毛榉是欧洲落叶林中最主要的树木，最高可以长到50米。

事实

» 除南极以外，所有大洲都有落叶林的存在，并且北半球数量最多。» 降水量较多的温带落叶林有着与众不同的形态，而在干燥的地中海地区能看到硬叶林的分布。» 热带也有落叶林。虽然这里没有严寒，但环境干燥炎热，所以生长在这里的植物会通过落叶来避免水分的大量蒸发。» 欧洲落叶林中最著名的落叶植物是夏栎，丹麦有一棵"夏栎之王"的树龄达1500~2000年。

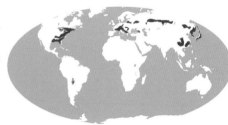

落叶林在北半球分布广泛，以北美和欧亚大陆最多，因为这里雨水丰沛，适合植物生长。

落叶林的结构

1. 树冠层：这里阳光最充足，湿度最低，主要生长着高大的乔木，大多数鸟类生活在这里。

2. 灌木层：这一层相较于树冠层接受的阳光照射较少，主要生长着灌木类植物，生活着各种昆虫、蜘蛛，以及一些小型的哺乳动物。

3. 草本层：这一层湿度较大，能接受到的阳光照射更为稀少，主要生长着一些草本植物、菌类和苔藓等。大部分哺乳动物和一些昆虫生活在这里。

4. 根层：树木的根盘根错节地深扎于此，且这里也生活着许多昆虫和一些哺乳动物。

» 欧洲年龄最大的夏栎有多少岁？ » 所有的树木在秋天都会落叶吗？

向寒冷和干旱宣战

　　冬天，生活在落叶林中的动物面临的最大问题是食物短缺，因此，一些鸟类（如金黄鹂）迁徙去了南方，另一些鸟类（如松鸦）会提前储存足够过冬的食物。许多昆虫会死亡，但它们的卵和幼虫会存活下来。大部分哺乳动物进入冬眠状态。这时候，植物也会进入休息状态，生长速度减缓，待来年春天来临，灌木会最先"醒来"，赶在树冠层枝繁叶茂之前，充分吸收阳光，盛开花朵。地中海的阔叶林不会落叶，因为那里四季如春，但每年会遭遇干旱，所以植物的叶子都坚硬厚实，水分蒸发得较少。

金黄鹂鸟主要以昆虫为食，但对时不时吃点浆果并不反对。

夏栎的一年四季

夏李

春季

秋季

冬季

更多知识

　　人类大多居住在地球上的温带区域，由于工业化的发展，人类开始不停地向森林索取：耕地、牧场的开拓，城市的发展和道路的建设等加剧着森林的减少。此外，人类的活动也正破坏着森林的整体生态。人类行为造成的外来物种的入侵正威胁着一些土著物种的生存。人类对森林顶级捕食者的灭杀，严重破坏了森林里幼树与老树的正常更替，因为在大多数森林中，顶级捕食者控制着大型食草动物的数量。

欧洲山毛榉叶　　橡树叶

血红山茱萸

落叶林里的一年

　　落叶林的四季变化最为明显。春天，树木从休眠中苏醒，树液循环加速，嫩绿的新芽开始冒出；夏天，树木全部伸展开来，繁花过后，果实开始挂上枝头，为很多动物提供了食物；秋天，气温开始下降，树叶开始从绿色变为黄色或红色，那秋之绚烂会在10月底11月初的某一天晚上突然开始谢幕：随着气温的骤降，树叶开始脱离树枝，渐渐完成它们的使命；冬天，树木又开始进入休眠状态，唯有裸露的树枝指向空旷的天空，等待着来年春风温暖的轻抚。

紫貂

欧洲云杉

灰狼

棕熊

蔓越莓

北方针叶林

飞鼠

交嘴雀

北噪鸦

驼鹿

狼獾

松鸡

北方

北方针叶林里的植物主要是四季常青的松树，以及一些桦树和杨树，在湿润的区域，还有少许的柳树和赤杨。相较于其他类型的森林，这里的动植物种类很少，且植物生长缓慢，动物寻找食物比较艰难。因为这里的春季非常短暂，只持续几周便是多雨而转瞬即逝的夏季。但这里的冬天却可持续五六个月，且零下50℃的严寒气候屡见不鲜。此外，由于这里的土地常年处于冰冻状态，地表水难以渗透地下，潮湿的夏季一到，大量的蚊子便会孳生于此，成为温血动物的克星。所以，别说动物，即使人类在此也难以生存。这里的顶级捕食者是棕熊和狼，而亚洲远东地区的黑龙江流域则属于东北虎的领地。

驯鹿

事 实　» 因为冰冻的水无法被植被吸收利用，所以冬季里，这里的生存条件如同荒漠一般，松树能在此生存，是因为它的叶子呈针状，表面气孔很小，能防止水分蒸发。»琥珀并不是宝石，而是一种树脂的化石。树脂是在松树受到外部伤害时分泌的，用于伤口愈合的液体。»其实常绿的松树也属于落叶树木，它们也在不断地更换着自己的新衣。»北方松树林的面积占到地球全部森林面积的30%，有一些松树林生长在沼泽之中。»可以根据松针在一起聚集生长的数量，如用二针一束、三针一束等来给松树分类。

寒带植被，也就是北方针叶林构成了地球面积最大的生态区域，有几百万平方千米。

针叶林的结构

1. 针叶林的树冠层大部分由松树组成，而在一些不那么寒冷的地方分布着落叶的桦树、柳树、杨树和赤杨。

2. 灌木层的植物很少，只有在松树长得较为稀疏的地方才能看到。

3. 枯枝落叶层稀疏地生长着一些草类植物，由于松树的覆盖，它们生存艰难，但这里却是地衣和苔藓生存的天堂，有些地方的地衣和苔藓甚至厚达30~40厘米。

» 为什么北方针叶林的植物在冬天会"口渴"？　» 琥珀是怎么形成的？　» 松树从来不掉叶子吗？

针叶林

交嘴雀除了以松子为食外，还喜欢吃植物的嫩芽、浆果和昆虫等。

在严寒中生存

在北方针叶林这样的极端环境里生存，动植物都有着自己独特的生存技能。松树树枝的呈瓦状重叠分布，不仅可以使积雪轻易滑落，其枝叶在一个区域的密集还有助于抵御强风的侵袭，就犹如一本书相较于一张纸，更难于被撕毁。此外，松叶的颜色一般都比较深，这能够帮助它们更好地吸收阳光为己所用。生活在这里的交嘴雀，它们的嘴呈交叉状，能够轻松地剥开松果的硬壳，吃到松子。

北极狐

春雨变成了酸雨

我们人类带来了太多的环境污染，连北方针叶林中大片的森林也难以幸免。化石燃料燃烧后产生的气体与空气中的水蒸气结合生成酸性物质，并随着大风来到了北方。它们伴随降水或降雪降落到地面，接触到这里的植物和土壤。而酸性物质会损坏针叶和树皮，使得它们难以抵御寒冷和疾病，导致大量死亡。伐木也影响了北方针叶林的广大区域，这些森林被物种单一的人工种植松树所代替。

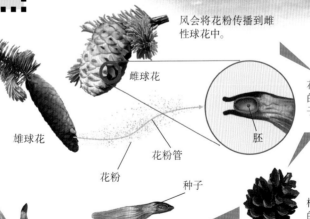

松树的生活史

松树属于裸子植物。

开花季节，松树雄球花和雌球花独自发育。

雄球花

雌球花

风会将花粉传播到雌性球花中。

花粉进入雌球花的鳞片，精子使卵子受精。

胚

卵子受精后发育成种子。

松果在成熟后它的鳞片会裂开。

花粉管

花粉

种子

从种子长成树苗。

借助风的力量，种子可以飞很远。

经过受精的胚珠在松果外壳的保护下生长，最终成为可以"飞翔"的种子。

松针的旅行——土壤中的物质循环

一片细小的松叶可以活好几年，当它老了以后便会从树上脱落到地面。由于松树叶片中含有很多树脂，加上周围寒冷的环境，腐烂的过程要持续很久。也正是由于这个原因，北方针叶林的土壤很贫瘠，并且呈酸性，不适宜人类耕作。腐烂的松树叶会变成营养元素进入土壤，最终被松树的根吸收。这样又一次变成松针。

凤尾绿咬鹃

犀鸟

白喉卷尾猴

圭亚那栋树

蓝翅金刚鹦鹉

亚马孙

犰狳

曲叶凤梨

帝王金叶树

食蚁兽

巴西红木

塔尤泻瓜

角状泽米

丛林

黑框蓝闪蝶

双嵴冠蜥

美洲豹

树蛙

中美西猯

巨大犀金龟

亚马孙丛林

南美洲

亚马孙丛林

亚马孙河是世界上流量最大的河流，在其流域分布着世界上最大、最著名的热带森林——亚马孙丛林。亚马孙流域范围广阔，甚至快赶上美国的面积了。这里有各种奇怪的生物，在参天大树和浓密黑暗的丛林中，生活着世界上最多种类的动物和植物。这里有超过500种哺乳动物，其中包括美洲豹、水豚、南美貘、各种各样的猴子，以及世界上1/3的鸟类。亚马孙丛林的湖的湖面上长满了美丽的睡莲，出产3000多种水果，生长着世界上最高的木棉树（60米高），这些高大的木棉树有的已经800岁，甚至1000岁了。地球上20%的氧气都产自这里。在神秘的原始丛林里，还存有一些原住民部落，生活在这些部落里的很多人甚至从没接触过外面的世界。

谁吃谁？

凤尾绿咬鹃

食蚁兽

美洲豹

双嵴冠蜥

犀鸟

中美西猯

安迪拉木

紫兰金刚鹦鹉

黑框蓝闪蝶幼体

树蛙

蚂蚁

箭毒蛙

濒危种

狮面狨
白喉三趾树懒
紫蓝金刚鹦鹉
美洲豹
箭毒蛙

珍稀物种

王莲
木棉树

旅行时应当注意什么？

在这儿，你能观察到大约10%已知物种，这其中包括大约250万种昆虫、4万种植物以及很多危险的动物，例如蟒蛇、吸血蝙蝠和箭毒蛙等。此外，亚马孙丛林降水非常多，如果你不想被淋成落汤鸡，那么在来这里之前最好备上一把雨伞。因为保不准什么时候大雨就会穿过密密麻麻的大树遮挡降落下来。

»亚马孙丛林中有多少种昆虫？　»亚马孙丛林中有多少种哺乳动物？　»亚马孙丛林中的木棉树能长多高？

犀鸟

地球上一半的动植物种类都生活在亚马孙丛林中。

气 候

气温
22℃

湿度
高

昏暗森林中的斑点动物

内格罗河河面上传来一阵轻轻的鼻息声。一只美洲豹在水中游过,只露出脑袋在水面上呼吸。它艰难地爬到岸边,刚吃过貘肉的肚子看起来鼓鼓的。它抖了抖身子,无数小水滴散落了下来。它看起来很疲惫,但向森林深处走去时,步履却轻得几乎没一点儿响声。它来到一棵紫葳树旁停下来休息。它的乳房有些肿胀,应该是一位母亲。这时,从树干后面蹿出来两只小美洲豹,它们先是玩起了妈妈的尾巴,一会儿它们似乎玩累了,便趴到妈妈的肚皮上吃起奶来。渐渐地,世界在它们的熟睡中都安静了下来。

凤尾绿咬鹃

　　每年的3~5月是凤尾绿咬鹃的繁殖期,这时,雌鸟会在干腐的树洞中产下两枚淡蓝色的蛋。18天后,雏鸟破壳而出,被父母喂食各种水果、浆果及一些很小的动物。待雏鸟会飞时,雌鸟便离巢而去,雄鸟会独自继续喂养几周。凤尾绿咬鹃差不多长到三岁时,尾巴会长出美丽的羽毛,这表明它们开始进入性成熟期。

玛雅人和阿兹台克人把凤尾绿咬鹃奉为神。在很长一段时间里,凤尾绿咬鹃尾巴上的美丽羽毛,被一些地方的人当作钱币使用。

学名: *Pharomachrus mocinno*	
体型: 36~40 cm, 尾长65 cm, 210 g	
分布范围: 中美洲	
寿命: 20~25年	
濒危程度: 濒危	

曲叶凤梨

　　曲叶凤梨属凤梨科、积水凤梨亚科。凤梨科约有2000多种,我们经常食用的菠萝也属于凤梨科植物。积水凤梨大多在热带雨林中依附于高大的树木、岩石生长。为了适应附生时根部吸水的困难,它们演化出了在植株中心积水的特性。积水凤梨的叶子呈螺旋状排列,雨水会顺着叶子流入植株中部储存起来形成"小水塘"。"小水塘"中储存的水除了供植物利用之外,还给蚊子和一些特有的蛙类提供了产卵的场所,同时,这些小生物也为植物的生长提供了氮元素。

学名: *Aechmea recurvata*	
体型: 40~60 cm	
分布范围: 南美洲	
寿命: 3~5年	
濒危程度: 未评估	

除了可作为水果食用的品种之外,一些观赏性强的凤梨品种已经成为常见的热带花卉。

食蚁兽

　　食蚁兽全年都可以进行交配,交配期间公兽和母兽在2~3天内都形影不离。母兽的妊娠期持续6个月,随后产下一个幼崽。母兽会将幼崽驮在背上生活。幼崽3个月后便可吃固体食物,10个月后完全独立,3~4年后性成熟。

食蚁兽的舌头有60厘米长,可以分泌具有黏性的唾液。因此食蚁兽可以用它轻松地粘起蚂蚁进食。

学名: *Myrmecophaga tridactyla*	
体型: 180~220 cm, 30~40 kg	
分布范围: 中美洲、南美洲	
寿命: 14~16年	
濒危程度: 易危	

亚马孙丛林

美洲豹

美洲豹并没有特定的繁殖期，幼崽通常在食物丰富的季节出生——也就是说在热带全年均可。因此，在热带雨林美洲豹全年都可交配生子，而在其他地方生活的美洲豹大多在春季交配。母豹每次可产2~4只幼崽。幼崽在1~2年后便离开它们的母亲寻找自己的新领地，随后它们也会成为父母。美洲豹习惯在夜间捕食，白天休息。

美洲豹属于大型猫科动物，有异常惊人的咬力，能咬穿爬行动物的厚皮或甲壳。它们可以直接把猎物的颅骨从耳部咬穿，对猎物的脑部造成致命的损伤。

学名：*Panthera onca*
体型：160~180 cm（尾长70~80 cm），60~90 kg，母豹比公豹小20%
分布范围：中美洲、南美洲
寿命：12~15年（人工圈养可达23年）
濒危程度：低危

双嵴冠蜥有着极好的水性，可以持续潜水30分钟。同时它们还能在水上行走，因此又被称为"耶稣蜥蜴"。

双嵴冠蜥

双嵴冠蜥一般在旱季的后半段开始繁殖。雄蜥蜴的头冠和背鳍除了可以用来吸引雌蜥蜴，还可以用来挖巢穴。雌蜥蜴和雄蜥蜴交配完后，会在雄蜥蜴挖好的浅浅的巢穴中产下4~8颗卵，并给它们盖上细沙土。借助阳光带来的温暖，小蜥蜴会在8~10周后破壳而出。自出生之日起，它们就可以自行捕猎。双嵴冠蜥属于冷血动物，它们在温暖的季节里捕猎和繁殖，在寒冷的季节里隐蔽起来休息。

学名：*Basiliscus plumifrons*
体型：60~75 cm（含尾长），150~200 g
分布范围：中美洲
寿命：10年
濒危程度：非濒危

黑框蓝闪蝶

黑框蓝闪蝶是世界上体型最大的蝴蝶种类之一。它在热带雨林中生活，扇动翅膀飞翔在树荫之下。黑框蓝闪蝶戴着一副棕色眼罩，身体随着翅膀的扇动，好像一会儿消失，一会儿又出现。它的幼体在植物叶子上生长，而成年的蝴蝶以吸食成熟的果实、大树和蘑菇的汁液为生。

学名：*Morpho peleides*
体型：6~20 cm（雄性翅膀更宽，颜色更鲜亮）
分布范围：中美洲、南美洲
寿命：115天
濒危程度：未评估

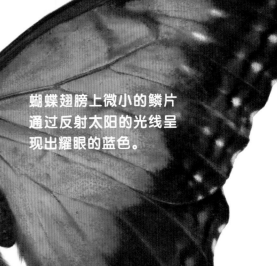

蝴蝶翅膀上微小的鳞片通过反射太阳的光线呈现出耀眼的蓝色。

巨松鼠

缅甸金丝猴

缅甸蟒

凤凰木

云豹

猪獾

缅 甸

长嘴捕蛛鸟

七叶一枝花

黑红阔嘴鸟

钴蓝色捕鸟蛛

高黎贡山

黑熊

亚洲象

柚木

云豹

叶麂

榕树

亚洲　缅甸

缅甸

东南亚有着地球上最古老的雨林。冰河时期之后，随着海平面的上升，海水淹没了低洼的陆地，形成了千千万万座岛屿。由于海水的隔离，这些岛屿上的物种都独立生存，从而进化出与众不同的种类，例如苏门答腊犀牛、爪哇虎、马来貘等。这里生活着300多种哺乳动物、300多种爬行动物、100多种鸟类，以及包括小熊猫和2010年刚发现的缅甸金丝猴在内的各种珍稀物种。这里一年有一半的时间是雨季，东北部区域的雨季是在冬天，西南部区域的雨季是在夏天。

雪豹

谁吃谁?

猪獾

亚洲象

红竹

黑熊

缅甸蟒

云豹

黑红阔嘴鸟

盾椿

巨松鼠

金丝猴

红毛丹

叶鹿

濒危种

- 孟加拉虎
- 红毛猩猩
- 眼镜王蛇
- 苏门答腊犀牛
- 长臂猿
- 铠甲蝽

旅行时应当注意什么?

缅甸雨林在雨季降雨量最大，每天都会有瓢泼大雨，气候炎热潮湿。如果你想保持衣服干燥，或者不想随身的东西受潮，待在家里可能是最好的选择。因为在这里东西会很容易发霉。

»缅甸雨林的气候是怎样的? »2010年新发现了什么物种?

南亚热带雨林是在7千万~1亿
年前逐渐形成的！

气候

气温
32℃

湿度
80%

惊人的力量

　　雨后，雨林中的动物们都开始出来活动了。有的觅食着植物枝头新长出的嫩芽，有的正伺机捕捉那些没有防备的食草动物。亚洲黑熊妈妈和熊宝宝吃完新鲜的嫩芽正在森林中散步。突然，一阵噪声传来，黑熊妈妈警惕地注意着噪声的来源方向，小熊也赶紧地躲到了大树后面观察着一切。一头云豹出现在森林深处，小熊身处极度危险之中。黑熊朝着小熊大声咆哮起来。小熊像是得了妈妈的指令似的，迅速用它粗壮有力的四肢爬上身旁的柚木。被发现的云豹眼看伏击无望，只好退了回去。

缅甸

从身体比例来看，云豹是大型猫科动物中牙齿是最大的。

云豹

每年的12月到来年3月之间是云豹的繁殖期。公豹在交配之后便会离开母豹，不参与幼崽的抚养。母豹经历3个月的妊娠期后产下3只幼崽。幼崽在3个月后断奶，10个月时离开母豹独立生活，2岁便可性成熟。云豹白天在树叶的遮蔽下休息，夜间进行捕猎。

学名: *Neofelis nebulosa*
体型: 80~110 cm（母豹为70~90 cm, 不含尾部），11~20 kg
分布范围: 东南亚
寿命: 10~17年
濒危程度: 易危

黑红阔嘴鸟

每年的3~6月是缅甸的旱季，也是黑红阔嘴鸟的繁殖期。在这期间，雄鸟和雌鸟共同筑巢。它们一般会把巢搭在干燥的树枝枝头，或悬挂在离水面一两米处的树枝上。雌鸟在搭好的巢里产下2~3枚蛋，雏鸟21天后便会破壳而出，17天后即可飞翔。

身着华丽羽毛的黑红阔嘴鸟喜欢在潮湿的热带雨林生活，它主要以昆虫、软体动物、虾及小鱼为食。

柚木

学名: *Tectona grandis*
体型: 高40~50m，胸径2~2.5 m
分布范围: 东南亚
寿命: 160年
濒危程度: 未评估

柚木又叫胭脂树、血树，树龄8~10年才首次开花。在每年的5~9月的雨季，茂密的柚木林会呈现出一片繁花似锦的景象。柚木的果实一般会在11月至来年的1月之间逐渐成熟。柚木成熟的种子会在风和水流的帮助下寻找合适的土壤繁殖生长。柚木会在旱季里脱落一部分树叶以应对干旱，但很快又会长出新的叶子来，所以柚木属于半落叶植物。

很多地方都适合柚木生长。柚木的木材质量非常好，不仅耐用，还能抗海水腐蚀，可用来造船和架设桥梁。

学名: *Cymbirhynchus macrorhynchos*
体型: 21~24 cm，50~76 g
分布范围: 东南亚
寿命: 未知
濒危程度: 非濒危

钴蓝色捕鸟蛛

钴蓝色捕鸟蛛属于独居动物，只有在交配时才会成双成对出现，这时，雄蜘蛛会小心翼翼地靠近雌蜘蛛，抓住时机交配完即立刻逃离，否则它就会成为雌蜘蛛的盘中餐。雌蜘蛛会把受精卵藏在卵囊内孵化，小蜘蛛从卵囊中孵化出来后，需经过几次脱壳才能长成真正的蜘蛛。蜘蛛一般夜间活动，白天躲藏起来休息。

学名: *Haplopelma Lividum*
体型: 13 cm（含腿）
分布范围: 东南亚
寿命: 雌性为10年，雄性略短
濒危程度: 未评估

通过体型大小无法准确判断钴蓝色捕鸟蛛的年龄，因为它们的体型大小与所获食物多少及气候有很大关系。

叶麂

叶麂的繁殖期从春天开始，持续3~4个月。每当这个时候，雄叶麂会变得十分凶狠，会攻击所有入侵它们领地的动物。母叶麂每胎生一只幼崽。

叶麂这个物种直到2002年才被人类发现。

学名: *Muntiacus putaoensis*
体型: 高50 cm, 12 kg
分布范围: 缅甸、印度
寿命: 未知
濒危程度: 易危

人类2010年才发现缅甸金丝猴的存在，2011年才开始对它们进行科学记录。

缅甸蟒

缅甸蟒属于独居动物，只有在交配时才会成双成对出现。交配后，雌蟒一般会产下20~40颗卵。雌蟒会用身体孵卵2~3个月，小蟒一出生即可以独立生存。缅甸蟒壮年时喜欢在树枝上栖息，老年时喜欢躲藏在地面某处。缅甸蟒喜欢在夜间出没。

缅甸蟒被引入美国后，巨型的成年蟒对当地鳄鱼和鹿群的生存造成了威胁。

学名: *Python bivittatus*
体型: 4~6 m, 90 kg
分布范围: 东南亚
寿命: 20~25年
濒危程度: 易危

缅甸金丝猴

缅甸金丝猴全身的毛几乎全黑，面部皮肤呈淡粉色。关于缅甸金丝猴我们所知甚少，与它相似的物种一般在5~6岁时开始进行第一次繁殖。交配时，母猴更为主动。母猴孕育一只幼崽一般需要200天左右。

学名: *Rhinopithecus strykeri*
体型: 50~70 cm, 尾长60~90 cm
分布范围: 缅甸北部、中国云南
寿命: 未知
濒危程度: 极度濒危

黑熊前肢较为发达，并可灵活爬到树上。它们有15%的时间都待在树上。

黑熊

黑熊在每年的6~8月繁殖，来年1月中旬产仔。母熊一般在洞穴或树洞中生产两只幼崽，而幼崽在2~3年后便可长大并离开母熊。成年黑熊主要在白天活动，夜晚休息。

学名: *Ursus thibetanus*
体型: 130~190 cm, 110~150 kg（雌性略小）
分布范围: 亚洲
寿命: 25年（人工圈养可达45年）
濒危程度: 易危

长耳鸮

雀鹰

大斑啄木鸟

狍

大山雀

里海长鞭蛇

林姬鼠

斑木眼蝶

欧洲深山锹甲

十字□

欧洲

松鸦

舞毒蛾

獾

红松鼠

铃蟾

高山欧螈

鼹鼠

夏栎

栎黑天牛

捷蛙

欧洲

非洲

欧 洲

欧洲有非常多的阔叶林，年降水量大约在600毫米左右。在欧洲大陆西部分布着许多鹅耳枥和榉木，而在东部则大多是耐旱、耐寒的橡树。欧洲四季分明，冬季每年约为3~5个月。除了最南边和最北边，阔叶林曾差一点儿就统治了欧洲大陆。而如今由于人类耕地的需要，它的面积已经迅速减少。欧洲阔叶林最主要的树木是橡树、欧洲山毛榉、桦树、榆树、椴树和赤杨。

松鸦

红脸菇

獾

旅行时应当注意什么？

欧洲阔叶林一年四季景色各异。春天，这里繁花似锦美如仙境；夏天，从枝叶间隙漏下的阳光给这里制造出了一番美丽斑驳的景象；秋天，那树叶的绚烂胜于春花的漂亮；冬天，银装素裹，万籁俱寂，这里是冰雪的世界。如果你想来这里旅行，那么，大部分时间里，除了必备驱蚊水、防蚊衣，你还必须带上雨衣，因为只要下雨，一小时后，树冠上的雨滴还会陆续滴落下来。

谁吃谁？

长耳鸮

雀鹰

狼

大斑啄木鸟

猞猁

欧洲深山锹甲

林姬鼠

水鼬

松鼠

多彩铃蟾

橡树

野猪

蚜虫

蚂蚁

濒危种

欧洲野牛
猞猁
狼
水貂
红松鼠

相扑运动

7月的夏季十分闷热，整个森林一片寂静，连鸟儿的叫声都听不到了。如果仔细一点，偶尔能听到轻微的撞击声。不需要在森林中苦苦寻找，因为声音就来自我们旁边的橡树干，那里正在进行一场别开生面的战斗：两只欧洲深山锹甲在进行着相扑运动。它们头顶上的角相互交织在一起，6只脚努力地抓着粗糙的地面。半个小时过去了，个子小一些的锹甲看起来有些疲倦。在这个不大的场地中，大一些的锹甲依靠体重的优势，把小锹甲死死压在下边。而小锹甲却一转身，将大锹甲摔在了叶子上。它赢得了最终的胜利，同时也获得了交配的机会。这样它就可以把它优秀的基因传给下一代了。

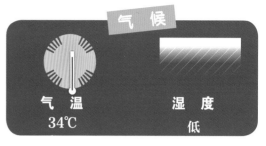

气 候

气 温
34℃

湿 度
低

芬兰大约有3/4的国土面积被森林覆盖，是欧洲森林覆盖率最高的国家。

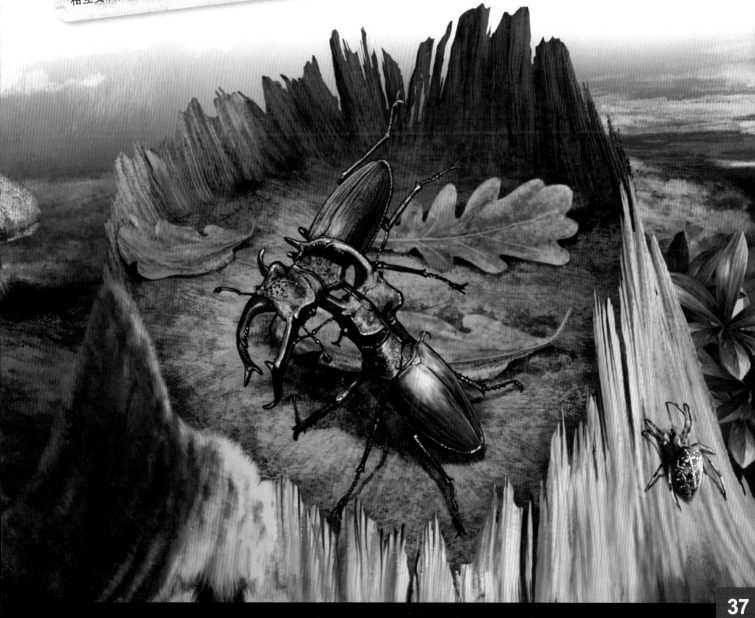

美国灰松鼠被引进后，不仅抢夺了当地红松鼠的生存空间，还给红松鼠带来了致命的疾病，这导致了欧亚红松鼠的数量锐减。

红松鼠

红松鼠每年有两个繁殖期：1~3月和6~7月。红松鼠的妊娠期为40天，每窝可以产3~4只幼崽。它们把小松鼠产在建于树冠上的圆形巢穴中。小松鼠在7周时便可吃固体食物，8~10周后离开母亲独自生活。夏天，红松鼠在白天和黄昏比较活跃，中午气温高时休息，而冬天全天都能看到它们的身影。

长耳鸮

长耳鸮通常在白天休息。如果在这个时候受到惊吓，它们的耳朵会竖起来，但身子依旧一动不动，像一段树干分为两片。每到冬天的时候，长耳鸮会成群地迁徙到暖和的地方过冬。在3~4月，它们利用喜鹊或乌鸦的旧巢产卵，每窝为4~6颗。小长耳鸮4周后便可以孵化出来，这期间一直是雄鸮来照顾母鸮。再过差不多3周，还不会飞的小长耳鸮会跳出巢穴，站在旁边的树枝上等待它们的父母回来喂食。

长耳鸮翅膀边缘的飞羽呈梳状结构，因此它们飞翔的时候几乎没有声音。

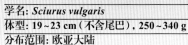

学名：*Asio otus*
体型：31~40 cm, 0.2~0.4 kg
分布范围：欧亚大陆、北美洲
寿命：25~30年
濒危程度：非濒危，但数量在减少

学名：*Sciurus vulgaris*
体型：19~23 cm（不含尾巴），250~340 g
分布范围：欧亚大陆
寿命：7~10年
濒危程度：非濒危，但数量在减少

欧洲深山锹甲

成年的欧洲深山锹甲在5~6月进行交配。这个时候，雄性锹甲会聚集在树干上，并将其他雄性打翻到地面。交配过后雌性锹甲会将卵产到朽木中，随后死亡。幼虫在腐烂的树干中生活3~5年后，最终在土壤中完成化蛹成虫的过程。成年的锹甲会在6月的时候从地下肥堆中爬出。

大斑啄木鸟

大斑啄木鸟的巢一般都搭建在枯朽的树干中，由雌雄鸟共同筑成。雌鸟在5月下旬产下5~7枚蛋，并孵化它们。雏鸟2周后破壳而出，3周后即可飞翔，第二年春天便可进行繁殖。

学名：*Lucanus cervus*
体型：5~10 cm（雌性4~6 cm）
分布范围：欧亚大陆
寿命：5年
濒危程度：濒危

锹甲幼体依靠互相之间接触脚上的突起来进行交流。

学名：*Dendrocopos major*
体型：23~26 cm
分布范围：欧亚大陆
寿命：6~8年
濒危程度：非濒危，数量在增长

在自己的领地里，雄鸟发情时会以敲击枯树干来吸引雌鸟的注意，速度最快可达40次/秒。

夏栎

夏栎一般在4~5月开花，成熟的果实（橡子）会在9月落下。夏栎种子晚秋时便可开始发芽，但在春天发芽仍是最好的选择。夏栎在生长6~8年后开始结果。

在中世纪的饥荒时期，人们把橡子和树皮碾成粉末，做成面包充饥。

学名:	*Quercus robur*
体型:	最高45 m
分布范围:	欧洲
寿命:	最长可达1400年
濒危程度:	非濒危

学名:	*Cerambyx cerdo*
体型:	41~55 mm
分布范围:	欧洲、北非、小亚细亚半岛
寿命:	3~5年
濒危程度:	易危

栎黑天牛

成年栎黑天牛会在7~8月间进行交配，随后雌性栎黑天牛将卵产于枯朽的橡树树干上。10天后，幼虫被孵化出来。它会先在树皮内生活一年，第二年钻入树干深处生活3~5年。幼虫经过多次退壳后变为成虫，这时，它会展开翅膀去寻找它的伴侣。

栎黑天牛在受到惊吓时会来回移动，并从外皮中央位置发出刺耳的声音。

狍在受到惊吓时会发出响亮的叫声，而逃跑时它们雪白的臀部也像镜子反射一样，向群体其他成员发出危险信号。

狍

雄狍一般在7~8月与它领地的雌狍进行交配。雌狍在第二年的3~6月生产，并哺育小狍到9~10月。小狍出生1年后性成熟。狍在夏季较少结群，冬季时会经常50~80只结群活动。

学名:	*Capreolus capreolus*
体型:	95~135 cm, 15~35 kg
分布范围:	欧洲、小亚细亚半岛
寿命:	10年
濒危程度:	非保护动物，数量在增长

猛鹰鸮

大袋鼯

楔尾雕

澳洲野狗

岩袋鼠

澳洲东部

艾氏琴鸟

南洋参

澳洲槐蓝

盔头蛇

滨伪鼠

喷横斑蟾

澳洲筋骨草

红尾绿鹦鹉

王吸蜜鸟

树袋熊

鼠袋鼯

红冠灰凤头鹦鹉

按树

红尾绿鹦鹉

棕刺莺

澳洲

41

盔头蛇

澳洲东部集中生长着大片森林，它们呈带状沿海岸线分布。由于大分水岭的阻挡，海面上大量的潮湿气流在此聚集并形成降水，成为森林在此处茂密生长的主要原因。高达40~50米的巨大桉树统治着这片土地，它们形成的大片森林成为许多动物，如树袋熊、鼠袋鼯和红冠灰凤头鹦鹉的栖息场所。由于全年都有降雨且气温均衡，这里的植物四季常绿，只有一些较为干燥的区域分布着落叶林。适宜的气候也吸引了人类来此居住，因此这里分布着澳大利亚最多的大型城市。然而，引进的动植物、火灾及伐木活动正给这片森林带来威胁。

濒危种

褐肩鹰
红尾绿鹦鹉
王吸蜜鸟
艾氏琴鸟
棕刺莺
岩袋鼠
滨伪鼠
盔头蛇
喷横斑蟾

谁吃谁?

猛鹰鸮

澳洲野狗

楔尾雕

鼠袋鼯

树袋熊

大袋鼯

滨伪鼠

桉树

岩袋鼠

澳洲东部

夜空中的战斗

夜幕降临，一轮满月挂在澳洲东部大分水岭的上空。山谷中，一只大袋鼯在巨大的按树丛中穿梭。大袋鼯从不喝水，而是从新鲜多汁的树叶中汲取水分。终于，它找到了一根满意的树枝，并满足地吃了起来。大袋鼯并没有在夜间放松警惕，它大大的眼睛和耳朵时刻注视着天空和树丛，以保证能够及时躲避可能存在的危险。吃完美味的树叶，大袋鼯开始继续在树丛中滑翔。突然，一直巨大的猛鹰鸮从它头顶袭来。大袋鼯一个回旋灵活地躲开了猛鹰鸮的攻击，藏进了树丛中。猛鹰鸮没有偷袭成功，无奈地飞走了，它只能空着肚子在凌晨到来时进入梦乡了。

按树叶是考拉的最爱，按树油是改善人类健康的佳品。

旅行时应当注意什么？

澳大利亚的蓝山山脉地区也生长着大片森林。这里的按树释放的精油弥漫在空气中，形成了一层蓝色的薄雾。旅游时要注意这里炎热的气候，以及随时降临的雷暴，而在山区可能还会遇到暴雪。

气候

气温 25℃

湿度 中等

» 刚生下的小树袋熊有多重？ » 为什么蓝山山脉地区会被一层蓝雾笼罩？

43

大袋鼯

每年3月，大袋鼯进入繁殖期。母大袋鼯会在4~7月期间产下一只幼崽。幼崽出生后会在妈妈的育儿袋中生活，3个半月以后离开育儿袋并趴在母亲背上，随母兽一起在树间滑行，7月龄后可以独立生活，第二年即可参加繁殖。大袋鼯属于夜行动物，白天躲在隐蔽处休息。

学名: *Petauroides volans*	
体型: 39~43 cm（尾长45~55 cm），0.6~1.6 kg	
分布范围: 澳大利亚	
寿命: 15年	
濒危程度: 非濒危	

大袋鼯前后肢间生有翼膜，因而能在树间自由滑翔。

桉树

桉树一般在春末至仲夏间开花，花为红色。桉树一般借助昆虫、鸟类或哺乳动物授粉，果实的成熟期为4个月。桉树的种子必须在短时间内找到合适的土壤生根发芽，这样一年后它才能长成小树苗，4~6年后才能首次开花。

目前已知的桉树种类有700多种，除15种外都生长在澳大利亚。

学名: *Eucalyptus sp.*	
体型: 高达100 m	
分布范围: 澳大利亚、新几内亚、印度尼西亚	
寿命: 长达400年	
濒危程度: 一些物种生存受到威胁	

树袋熊

考拉又叫树袋熊，它的繁殖期为南半球的夏季，也就是每年的12月至来年的3月。母考拉的妊娠期为35天。小考拉刚生下时只有0.5克重，需要在妈妈的育儿袋中生活，依靠母乳喂养。小考拉长到6个月时可以离开妈妈的育儿袋，趴到妈妈背上生活，1年后完全独立。

树袋熊食物单一，只吃桉树叶。它的消化系统能够处理桉树叶中的有毒物质。

学名: *Phascolarctos cinereus*	
体型: 60~85 cm, 4~15 kg, 雌性略小	
分布范围: 澳大利亚	
寿命: 13~18年	
濒危程度: 濒危	

澳洲野狗的英文单词为"Dingo"，来源于澳洲原住民语言"tingo"，也就是狗的意思。

澳洲野狗

澳洲野犬一般在每年的3~5月繁殖，这时，它们对自己领地的保护意识非常强。澳洲野犬属于群居动物，但一个种群只有一对有绝对统治权的野犬可以进行繁殖，其他野犬帮忙抚育幼崽。母犬的妊娠期一般为9~10周，之后产下5只幼崽，幼崽3~6个月后即可独立生活，2~3年后可交配生育后代。

学名: *Canis lupus dingo*
体型: 肩高52~60 cm，重13~20 kg
分布范围: 澳大利亚，东南亚
寿命: 10年
濒危程度: 易危

猛鹰鸮

猛鹰鸮生活在树木平均树龄超过100岁的森林里，栖息于30~40米高的桉树枝头。猛鹰鸮一般在每年的冬季繁殖，也就是南半球的3~6月。雌鸮在产下两枚蛋后，会孵化38天，在这期间，雄鸮负责寻食喂养雌鸮。小鸮被孵化出来后，7~8周即可飞翔，但仍需要和父母再生活几个月才能独立生存。

猛鹰鸮对配偶极其忠诚，甚至可以在30年内不换伴侣。

学名: *Ninox strenua*
体型: 45~65 cm，1~1.7 kg，雌性略小
分布范围: 澳大利亚
寿命: 30年
濒危程度: 非濒危

岩袋鼠

雌性帚尾岩袋鼠一般18个月大时性成熟，雄性一般20个月大时性成熟。帚尾岩袋鼠一年四季都可以繁殖。雌袋鼠的妊娠期为31天，小袋鼠出生后会在妈妈的育儿袋里生活29周，之后会继续喝母乳3个月。

岩袋鼠有着锋利的爪子和强壮的后腿，因此它可以爬到很高的树上。

学名: *Petrogale penicillata*
体型: 体长50~60 cm，尾长60 cm
分布范围: 澳大利亚
寿命: 5~10年
濒危程度: 受保护

西伯利亚

雕鸮

松鸡

黑啄木鸟

猞猁

红松鼠

松鸡

雪兔

黑莓

紫貂

野草莓

枞大树蜂

蔓越莓

林姬鼠

欧洲

西伯利亚

亚洲

47

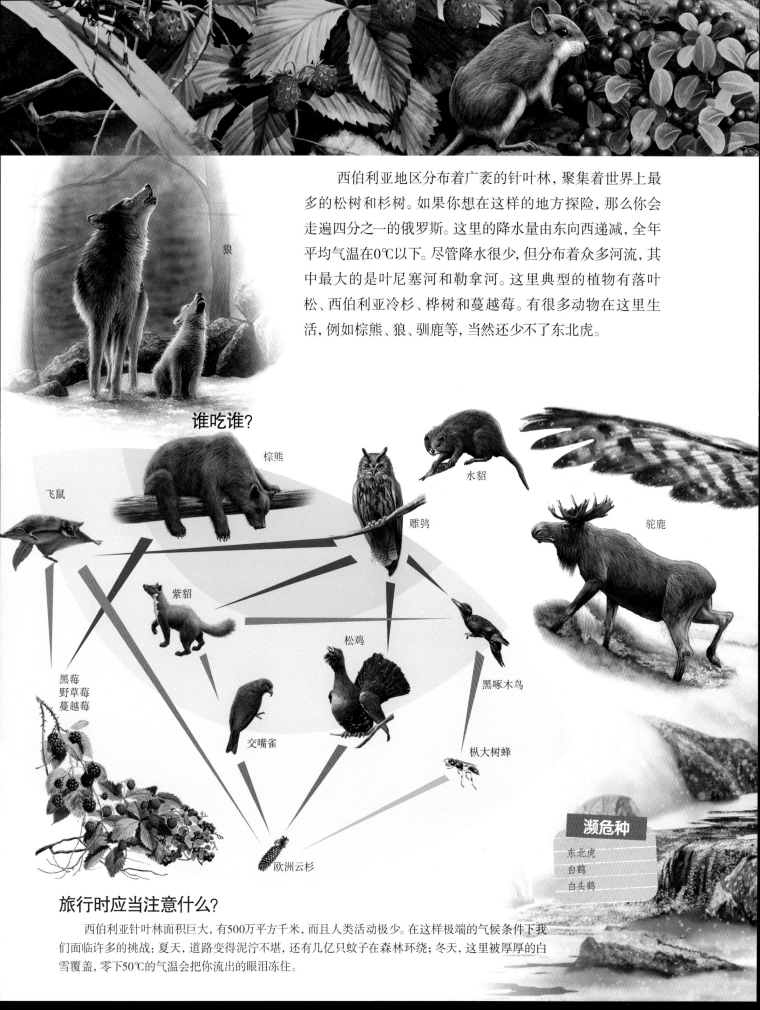

西伯利亚地区分布着广袤的针叶林，聚集着世界上最多的松树和杉树。如果你想在这样的地方探险，那么你会走遍四分之一的俄罗斯。这里的降水量由东向西递减，全年平均气温在0℃以下。尽管降水很少，但分布着众多河流，其中最大的是叶尼塞河和勒拿河。这里典型的植物有落叶松、西伯利亚冷杉、桦树和蔓越莓。有很多动物在这里生活，例如棕熊、狼、驯鹿等，当然还少不了东北虎。

狼

谁吃谁?

飞鼠

棕熊

雕鸮

水貂

驼鹿

紫貂

松鸡

黑啄木鸟

黑莓
野草莓
蔓越莓

交嘴雀

枞大树蜂

欧洲云杉

濒危种

东北虎

白鹤

白头鹤

旅行时应当注意什么?

西伯利亚针叶林面积巨大，有500万平方千米，而且人类活动极少。在这样极端的气候条件下我们面临许多的挑战：夏天，道路变得泥泞不堪，还有几亿只蚊子在森林环绕；冬天，这里被厚厚的白雪覆盖，零下50℃的气温会把你流出的眼泪冻住。

西伯利亚

东北虎是最大的猫科动物，它们是这里的土著种。然而，目前人工圈养的个体比野生虎还要多。

东部森林里的无声狩猎

整个大地都笼罩着一层寒冷的气息，微微露出头的太阳照射在一片针叶林里，投下了长长的树影。整个森林中，只能看到大片白雪和深绿色的松树。树林前有一片很小的空地，也就一间房子那么大。一切都很安静。突然，一个黑色阴影划过树梢，并迅速飞向空地中央。原来这是一只乌林鸮。它转了转眼睛，拍拍翅膀又迅速从雪堆中飞了起来，爪子里抓着一只已经奄奄一息的高山鼠兔。它飞到附近一棵干枯的树枝上，将食物塞进嘴里，一口吞下。

气 候

气 温
-19℃

湿 度
低

西伯利亚

乌林鸮有着非比寻常的听力。它的捕鼠能力极强，甚至根据极细微的动静就可以精准地抓到雪堆下穿梭的老鼠。

乌林鸮

每年4月是乌林鸮的繁殖季，母乌林鸮一般会把蛋产在其他猛禽废弃的巢穴里，一窝3~5枚。这些巢穴一般用枯枝搭成，面积较大。小乌林鸮的孵化期一般为35~40天，母乌林鸮负责孵蛋，雄乌林鸮负责照料。小乌林鸮出生后，母乌林鸮会回归森林参与捕猎，与雄乌林鸮一起哺育小乌林鸮4~5个月。乌林鸮具有很强的捕猎能力，即使在冬季下雪天里，它们也可以白天、黑夜都出去捕猎。

学名: *Strix nebulosa*
体型: 体长61~84 cm, 翼展140 cm, 体重1~1.5 kg（雄性略小）
分布范围: 北美洲、欧亚大陆
寿命: 15年（人工圈养可达27年）
濒危程度: 非保护动物

松鸡

每年的四五月份，雄性松鸡都会上演一场求偶表演。它们会在一小片空地上通过独特的叫声和舞蹈来吸引雌性松鸡进行交配，两周后，雌性松鸡会产下6~10枚蛋。雏鸡经过孵化，7周后破壳而出，6周后完全独立。

雄性松鸡发出的求偶叫声很奇特，有点像人类清嗓时发出的声音，随之而来的声音像木塞从香槟酒中弹出。

学名: *Tetrao urogallus*
体型: 74~85 cm, 4~4.5 kg（雌性54~64 cm, 1.5~2.5 kg）
分布范围: 欧亚大陆
寿命: 4~5年（人工圈养可达18年）
濒危程度: 非保护动物，但数量在减少

枞大树蜂

枞大树蜂的繁殖期在夏季中段。雌性会在2~4周内在松树树干上产下350颗卵，这会耗费它们大量的体力。幼体4周后孵化，随后钻进树干内部取食，且3年内都会生活在蛀道里直至羽化。羽化后的大树蜂会钻出蛀道，寻找交配机会。

枞大树蜂产卵时会使植物受到细菌的感染，以此来帮助幼体蛀食坚硬的树木。

学名: *Urocerus gigas*
体型: 1~4 cm, 雌性略小
分布范围: 欧亚大陆、北美洲、北部非洲
寿命: 3年
濒危程度: 未评估

狼獾

　　貂熊的婚配制度为"一夫多妻"制，雌兽每年仅发情一次，一般在秋季交配，受精卵发育有滞育现象，直到12月至来年3月才着床发育，1~4月产仔，每胎产2~5仔。幼崽的皮毛开始是雪白色的，随后会逐渐变为具有代表性的棕色。幼崽在2岁半后性成熟。

狼獾的颚与胃部十分强大，可以把猎物的全部骨头吞下并消化。

学名: *Gulo gulo*
体型: 体长70~110 cm，雄性11~18 kg，
雌性6~12 kg
分布范围: 欧亚大陆，北美洲
寿命: 5~13年
濒危程度: 非保护动物，但数量在减少

欧洲云杉

　　欧洲云杉一般在4~5月开花。由于其球果特殊的形状，使得花儿更容易在风的作用下授粉。球果需经过3年的生长，其中细小的种子才会成熟，散落周围。欧洲云杉的幼苗需经过20~25年的生长才会开花。

在瑞典中部的一座山脉上生活着一株古老的欧洲云杉，其根系至少有9500年历史，但树干相对年轻。这是因为原有的树干死亡后，它的根系又长出了出新的树干。

学名: *Picea abies*
体型: 35~55 m
分布范围: 欧洲
寿命: 200年
濒危程度: 非濒危

猞猁

　　雌性猞猁在2~3月的繁殖期会排出带有独特气味的尿液，来吸引雄性猞猁的注意。在10个月的妊娠期后雌猞猁在铺有干草和羽毛的巢穴内产下2~4只幼崽。雌猞猁会照顾幼崽，直到下一个交配期的到来。

猞猁脚掌上有着厚厚的肉垫，使得它们能够在深厚的雪堆中自由移动。

学名: *Felis lynx*
体型: 80~130 cm，雄性18~35 kg（雌性小15%）
分布范围: 欧亚大陆
寿命: 10~15年（人工圈养可达25年）
濒危程度: 非保护动物，但在欧洲濒临灭绝

飞鼠在前后肢之间翼膜的帮助下甚至可以在相距50米的树木之间滑翔。

飞鼠

　　在每年3~4月的交配期后，飞鼠会在布满柔软青苔的啄木鸟旧巢诞下2~3只小鼠。它们在冬天并不冬眠，但是在最寒冷的月份可能好几天都不出巢穴。

学名: *Pteromys volans*
体型: 体长15~17 cm，尾长10~15 cm，150 g
分布范围: 欧亚大陆
寿命: 6年（人工圈养可达15年）
濒危程度: 非濒危，但数量在减少

疣鼻天鹅

北美驯鹿

白头海雕

驼鹿

阿拉斯加

美洲兔

雷鸟

美洲貂

白额雁

欧洲云杉

桦树

狼

棕熊

红鲑鱼

茴鱼

路氏沟酸浆

北美洲

阿拉斯加

阿拉斯加

美国阿拉斯加州大致有两种地形：南端为高山针叶林，这里的海拔有2000多米；而在中部地区则是被大量松树覆盖的绵延丘陵，还有许多小湖、沼泽和湿地。在这里有成群的北美驯鹿，它们夏天来到苔原，冬天又结队返回森林。不幸的是，狼和棕熊在那里等着它们。在陡峭的山坡上生活着戴氏盘羊和石山羊，有时候还能听到旱獭的叫声。阿拉斯加典型的植物为欧洲云杉、桦树、覆盆子和越橘，而在南部气温较高地区，沿山坡和河谷生长着许多柳树、赤杨和颤杨。森林时常会遭受闪电袭击，经常会引起火灾。

美洲貂

白额雁

棕熊

谁吃谁？

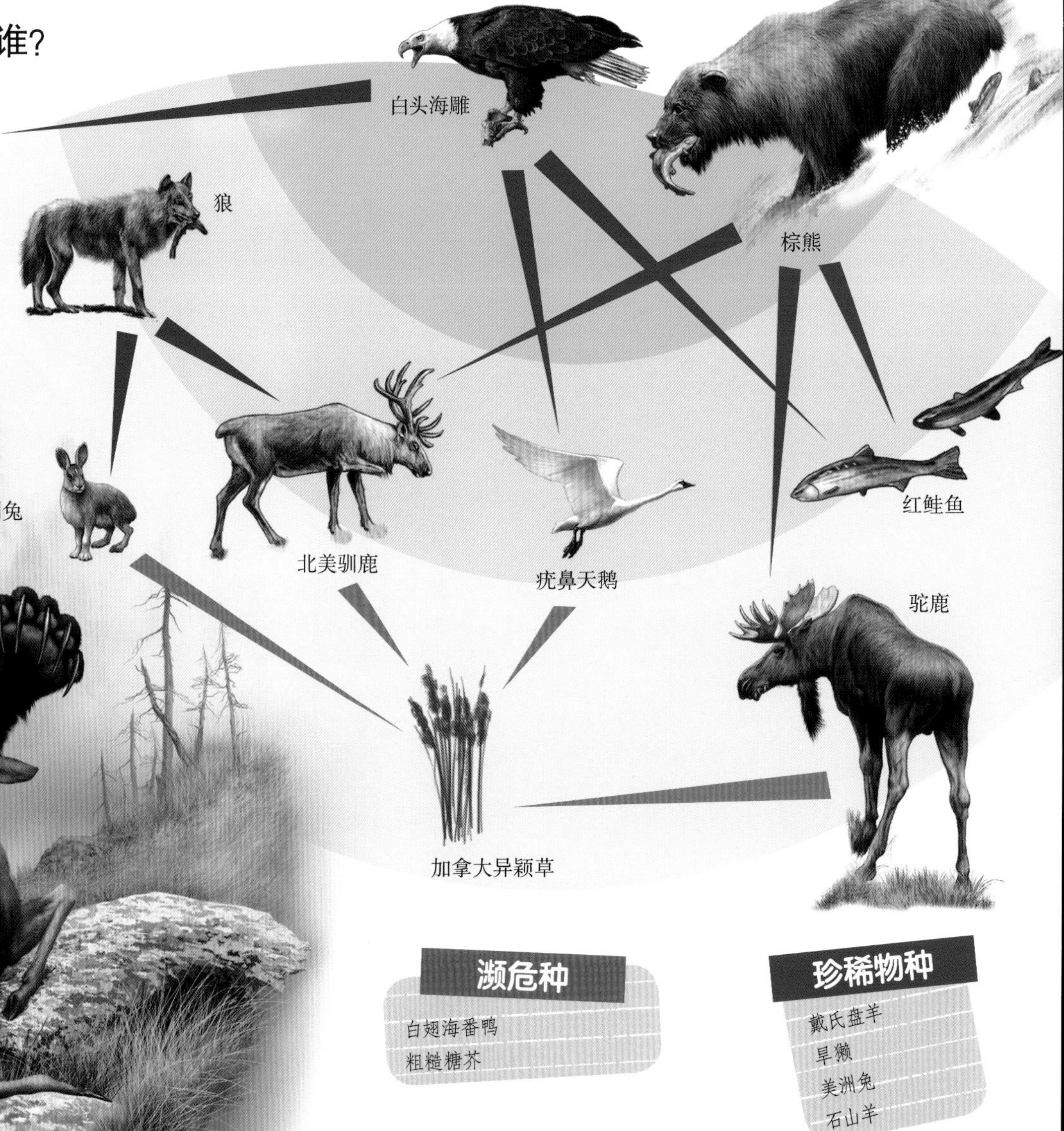

白头海雕

狼

棕熊

美洲兔

北美驯鹿

疣鼻天鹅

红鲑鱼

驼鹿

加拿大异颖草

濒危种

白翅海番鸭
粗糙糖芥

珍稀物种

戴氏盘羊
旱獭
美洲兔
石山羊

» 北美驯鹿群夏天在哪里生活？

气温
-14℃

湿度
中等

营 救

午饭的时间到了，一只母棕熊慢慢走进一条小河中。三只小熊耐心地在岸边等待，因为对它们来说这条河太危险了，几乎淹没了母熊的脖子。湍急的河水像烧开的水一样冒着白色的气泡，水中不停有小鱼逆流而上，试图游到它们产卵的地点。这些腹部充满鱼卵的鲑鱼是棕熊最美味的食物。一只小熊由于好奇跑到岸边，却一不小心跌落了下去。母熊看到后一把将它托住，并将它放回岸边。湿透的小熊身上还滴着水，它的母亲即已回到河流中继续捕食。哺乳期间的母熊需要很多营养，它们需要大量补充蛋白质和脂肪。

阿拉斯加的科迪亚克岛是这些大型棕熊的家乡。

雷鸟双脚布满短而厚重的羽毛，这些羽毛帮助它们在雪地中悄无声息地行走。雷鸟只有在遇到危险时才会飞行。

雷鸟

雷鸟是独居动物，只有在每年的繁殖季节才会成群地聚集在一起。每当这个时候，雄性雷鸟都会跳起独特的求偶舞，来吸引雌性的注意。雷鸟在一个交配季中奉行一夫一妻制，若夫妻双方都能在冬天存活下来，那么第二年它们还将选择在一起。春天雪化的时候，雷鸟开始在地面筑巢，并随后产下6～11颗卵。6月底7月初时，经过25天孵化期的雏鸟诞生，孵化期内由雄鸟负责保护巢穴。雏鸟出生时只有15克重，并且孵化后立即离巢。它们成长非常迅速，8～10周就可以飞翔，1岁左右性成熟。雷鸟的平均寿命为9年。

学名: *Lagopus lagopus*
体型: 0.5 kg，高40 cm，翼展60 cm
分布范围: 欧亚大陆、阿拉斯加、加拿大北部

美洲兔

美洲兔全年都很活跃，其生存环境里的植物直接影响着它们的繁殖。美洲兔每年生产2～4胎，妊娠期为35～40天，每胎产崽2～6只。幼崽降生时身披绒毛，眼睛可以睁开。它们成长非常迅速，10天后便可独立觅食了，一年后性成熟。美洲兔的寿命为4～5年。

美洲兔的绒毛夏天为褐色，冬天变为白色，这有利于它们在不同的季节里隐蔽于周围的环境中。它们水性很好，遇到捕食者追逐可以逃到水中避险。

学名: *Lepus americanus*
体型: 约1.5 kg，体长40～50 cm
分布范围: 北美洲北部

灰熊

灰熊为杂食性动物，在夏季交配。它们每2～3年生产一次，冬眠期间产崽，并在随后的两年内对幼崽进行悉心照顾。灰熊实际为棕色，因其背部及肩部灰白色毛发而得名。它们的爪子很长，长度近似人类手指那么长。

灰熊嗅觉灵敏，可以与野狗媲美，甚至可以闻到1000米外猎物的气味。

学名: *Ursus arctos horribilis*
体型: 雄性体重为180～360 kg，雌性130～200 kg，体长2 m
分布范围: 北美洲
寿命: 雌性22年，雄性26年
濒危程度: 濒危

白头海雕

　　白头海雕会在冬季繁殖期内大量聚集，此时天空中也会看到它们急转直下的身影。2月中旬，母雕会在它们常年维护和修补的巢穴中诞下1~3颗卵。最后一只雏鸟一般在4月底完成孵化，两个月后离巢独立生活。年轻的海雕会在4~5年内四处游走，随后返回出生地附近交配和筑巢。

学名: *Haliaeetus leucocephalus*
体型: 体长0.7~1 m，3~6.3 kg（翼展为1.8~2.3 m）
分布范围: 北美洲
寿命: 20年
濒危程度: 非保护动物，种群数量在增长

目前发现的最大的白头海雕巢穴厚度达6米，宽3米，重2.7吨。

驼鹿

　　驼鹿繁殖期为秋季，这个时候雄鹿会发出号叫并摆动头上的鹿角。它们通过气味和声音来辨认对方。幼崽一般在次年春天降生，一年之内与母亲生活，直到母亲产下新的幼崽。

美洲黑熊爬树能力极强，还可以快速游泳和奔跑。

驼鹿喜欢在沼泽地栖息，经常在水位高至颈部的水中游走。

学名: *Alces alces*
体型: 2.4~3.2 m，380~700 kg（雌性较小，200~360 kg）
分布范围: 欧亚大陆，北美洲
寿命: 15~25年
濒危程度: 非保护动物，种群数量在增长

美洲黑熊

　　雌性美洲黑熊在3~5岁时进行首次交配。它们的繁殖期在夏季，次年1月底到2月初诞下2~3只幼崽。幼崽出生6个月内以母乳为食，一岁半时完全独立生活。美洲黑熊为杂食性动物，在气候适宜和营养充分的地区不冬眠。

学名: *Ursus americanus*
体型: 雄性平均90 kg，雌性60 kg，体长120~200 cm
分布范围: 北美洲
寿命: 18~23年
濒危程度: 非保护动物

花旗松是世界第二高树种，目前已知最高花旗松的高度为142米。

学名: *Pseudotsuga menziesii*
体型: 70~80 m
分布范围: 北美洲
寿命: 600~800年

花旗松

　　花旗松的果枝从4月开始发育，而为抵抗寒冬在9月时停止生长。花蕾在次年3月形成，4月开花。花旗松的球果在风的帮助下进行授粉，不久之后成熟。9月末成熟的种子会脱落树枝落到地面。

词汇表

二氧化碳

地球通过空气中的二氧化碳来保持温度。如果缺少了二氧化碳，地球的温度会急剧下降。然而目前太多的二氧化碳存在于空气中，这反而对我们适宜的气候造成了伤害。人类通过使用化石能源向空气中排放了大量的二氧化碳，因此地球气温不断升高，灾难也随之而来。很久以前当大量的植物死亡后，由于缺少氧气，碳元素并没有被分解释放到空气中，而是以煤或石油的形式保留了下来。人类利用它进行生产或燃烧获取能量，并将产生的二氧化碳排放到空气中，这便造成了现在的温室效应。

花粉

花粉由花蕊产生，内部包含植物的精子，外部被花粉壁包裹。当花粉进入雌蕊中，精子会进入其内部完成受精。

花蜜

花蜜是一种由花朵分泌产生、富含糖分的液体。花朵通过花蜜来引诱昆虫吸食，并在它们的帮助下传播花粉。因此，花蜜是花朵传播花粉的功臣。以花蜜为食的动物有蜂鸟和蜜蜂等。而我们常吃的蜂蜜也是由它而来。

季雨林

季雨林中，每年至少一半的时间都是旱季。由于植物中大部分的水分是通过叶片散失的，因此每到旱季这里的植物都会落叶。随后雨季到来时会再次降雨，在此影响下植物也再次变绿。季雨林树下的草丛十分茂密，在高高的树干上还有藤本植物生存。季雨林主要分布地区为西非、南亚、澳洲东北部、中美洲和南美洲东岸。

热带

热带是地球的一种气候带，位于北回归线（北纬23.5°）和南回归线（南纬23.5°）之间，并被赤道从中央穿过。这里气候炎热，温度在全年都比较平均。热带通常只有两个季节，旱季和雨季，而在沿赤道地带全年都有降雨。

生态系统

每一个生物都不能脱离其他物种独立生存，它们都共同生活在某一个生态系统中。生态系统由有生命的生物和无生命的自然环境组成，而其中每个元素（例如动物或土壤）之间的相互关系是至关重要的。它可以是浩瀚的海洋，也可以是一个小小的水池。水池中有许多微小的生物，它们是蚊子幼体的食物，同时臭虫又以蚊子幼体为食。这些生物死后，它们的有机物质会沉淀在池底污泥之中。而例如落叶等外部物质也会通过各种方式进入水池。当其他动物来水池饮水时，这些营养物质也随之被动物吸收。

生物圈

生物圈指的是地球上空气（大气层）、水（水圈）和岩石（岩石圈）范围内有生命活动并受其影响的区域。不久前科学家们刚刚发现，在岩石层好几千米深的地方也有细菌的存在，在9千米深的海底也能找到它们，而鸟类更是可以在11千米高的天空中生活。这么看来，整个生物圈的厚度可以达到20千米，它是地球的外层圈，由上面说到的三个巨大的圈层组成。

食草动物

食草动物的成长和代谢都是通过食用植物来完成，有的食用绿色植物，有的食用藻类。它们大多数只食用某一类植物，因此我们也可以通过树叶、果实、花蜜等不同进食方式对它们进行分类。以植物为食的昆虫最有特点，它们通常只食用一种植物的某一个部位。在食物链中，食草动物属于初级消费者。

食肉动物

食肉动物主要以肉类食物为食。它们的食用方式有所不同，有的抓捕活体猎物（捕食者），有的食用死亡动物尸体（食腐动物）。而我们也可以根据它们所食动物种类来进行划分，例如根据它们食用昆虫或鱼类等不同特点进行划分。而真正的食肉动物只吃肉类，一点植物都不吃。这样的动物有鲨鱼、鹰等。在食物链中它们处于次级消费者和顶级捕食者两个等级。

碳

碳元素是有机化合物的重要组成部分。当我们呼吸时，碳元素会发生化学反应，并变为二氧化碳被人类排出。土壤中腐烂的植物也会进行类似的反应，同样会释放大量的二氧化碳。

碳循环

　　由碳元素组成的有机化合物随处可见，在空气中、水中、生物体中，甚至是岩石中都有它的身影。同时它也参与了地球上各种有生命或无生命的活动。碳元素不断地形成，并在太阳提供的能量下无限循环。空气中的二氧化碳便是由一个碳原子和两个氧原子组成的化合物，它可以被植物直接吸收利用，从而不断地生长。而食草动物通过食用植物、其他动物通过捕食食草动物来获得生长所需的碳元素。

土著种

　　某一片栖息地的动植物在没有人类的干预下自然形成，并持续多年在这里繁殖和生长，这样的生物被称为土著种。比如欧洲的棕熊，虽然它们在50万年前属于亚洲，但在25万年前就来到了欧洲。

外来种

　　外来种指的是一些本不能依靠自身能力、经由人类干预到达另一个栖息地的物种。人类因某种目的或需要，将某一物种刻意引入某一栖息地，这样的物种被称为引入种。例如欧洲的雉鸡，它们原产于亚洲，在中世纪由于狩猎的需要被引入欧洲。有一些则不是人类刻意为之，例如褐家鼠。褐家鼠借助各种船只的运输目前已遍布世界各个角落。有些时候外来种的到来会对土著种带来冲击，它们甚至会通过粗暴的方式干涉土著种的生活。

温带

　　温带是地球众多气候带中的一种，处于南北半球热带（纬度23.5°）和极地（纬度66.5°）之间。这里的气候介于寒冷和炎热之间，较为温暖，而温带也因此得名。温带最显著的特征是四季分明，不会特别冷或特别热。同时这片区域分布有山地气候和处于纬度23.5°～40°之间的亚热带。

亚热带

　　亚热带处于温带南纬、北纬23.5°～40°之间，分布于西半球地中海附近及东半球有雨季的地区。在它们周围经常伴随着荒漠的出现，这也是亚热带的一大特点。这里有许多我们常吃的"南方水果"，例如柠檬、橘子和芒果。

雨季

　　雨季是一种随着气候和季节变化的气候形态。在温带，它由大陆和海洋的相互作用而产生。因为在夏季陆地气温升高，气压减小，而海洋上空则较为寒冷，气压也较高，这就使得潮湿的空气从海洋向大陆上空移动，并带来大量降雨。冬天的情况则相反，此时大陆干燥的空气向海洋漂移。

索 引

原版图书制作

出品人：	Dr. Bera Károly
技术总监：	Kovács Ákos
创意总监：	Molnár Zoltán

编辑、排版© Graph-Art, 2014

编辑：	Dönsz Judit, dr. Martonfalvi Zsolt, Simon Melinda, Szabó Réka, Szél László
插图：	Farkas Rudolf, Nagy Attila, Szendrei Tibor, Mart Tamás
图片整理：	Lévainé Bana Ágnes
封面和排版：	Demeter Csilla, Posta János

图书在版编目（CIP）数据

森林 / 匈牙利图艺公司编绘；王聿喆，康一人
译 . — 北京：北京日报出版社，2017.9
（生生不息）
ISBN 978-7-5477-2221-3

Ⅰ . ①森… Ⅱ . ①匈… ②王… ③康… Ⅲ . ①森林 -
少儿读物Ⅳ . ① S7-49

中国版本图书馆 CIP 数据核字 (2016) 第 255355 号

Copyright©Graph-Art,2014
著作权合同登记号　图字 :01-2015-2461 号

生生不息：森林

出版发行：北京日报出版社
地　　址：北京市东城区东单三条 8-16 号　东方广场东配楼四层
邮　　编：100005
电　　话：发行部：（010）65255876
　　　　　总编室：（010）65252135
印　　刷：保定金石印刷有限责任公司
经　　销：各地新华书店
版　　次：2017 年 9 月第 1 版　2017 年 9 月第 1 次印刷
开　　本：889 毫米 ×1194 毫米　1/16
印　　张：4
字　　数：170 千字
定　　价：58.00 元